BEI GRIN MACHT SICH IHR WISSEN BEZAHLT

- Wir veröffentlichen Ihre Hausarbeit,
  Bachelor- und Masterarbeit

- Ihr eigenes eBook und Buch -
  weltweit in allen wichtigen Shops

- Verdienen Sie an jedem Verkauf

Jetzt bei www.GRIN.com hochladen
und kostenlos publizieren

Mike Donner

Kohlenstoffdioxid (CO2) - Eine Lüge oder verändert es unsere Welt?

GRIN Verlag

Bibliografische Information der Deutschen Nationalbibliothek:

Die Deutsche Bibliothek verzeichnet diese Publikation in der Deutschen National-
bibliografie; detaillierte bibliografische Daten sind im Internet über http://dnb.d-
nb.de/ abrufbar.

Impressum:

Copyright © 2012 GRIN Verlag GmbH
Druck und Bindung: Books on Demand GmbH, Norderstedt Germany
ISBN: 978 3 656 35944 9

Dieses Buch bei GRIN:

http://www.grin.com/de/e-book/208047/kohlenstoffdioxid-co2-eine-luege-oder-
veraendert-es-unsere-welt

Inhaltsverzeichnis

Abkürzungsverzeichnis

CCS	Carbon Capture and Storage
IPCC	Intergovernmental Panel on Climate Change
ppm	Teile pro Million
URL	Uniform Resource Locator (Adresse einer Seite im Internet)

Abbildungsverzeichnis

Symbolverzeichnis

CO_2 Kohlenstoffdioxid

1 Einführung

1.1 Problemstellung und Zielsetzung

Das Sehen wird in der Regel als der wichtigste Sinn des Menschen empfunden.[1] Folglich fällt es umso schwerer, nicht sichtbare Dinge wie Kohlenstoffdioxid (CO_2) als farb- und geruchloses Gas zur Kenntnis zu nehmen. Dennoch umgibt es uns in jedem Moment des Lebens. Und auch wenn das Gas an sich nicht wahrnehmbar ist, so sind es doch die Auswirkungen der seit Beginn der Industrialisierung zunehmenden CO_2 Freisetzung auf der Erde. Im Sinne Antoine des Saint-Exupérys, wonach das Wesentliche für die Augen unsichtbar sei, soll daher der Wandel unserer Welt durch das CO_2 den Kern der folgenden Ausarbeitung bilden.[2]

Ziel dieser Arbeit ist die planvolle Betrachtung des Gases CO_2 und vor allem das Aufzeigen der Veränderungen, die unsere Welt durch die Anreicherung dieses Gases erfährt. Anhand wissenschaftlicher Belege wird deutlich werden, dass es sich bei diesen Veränderungen um deutlich wahrnehmbare Effekte handelt und um keine Lüge. Klimatische Veränderungen wirken aufgrund ihrer zeitlichen Ausdehnung und ihrer fehlenden direkten Wahrnehmung oftmals relativ abstrakt und fremd. Zudem beeinflussen Klimaskeptiker mit Ihren Aussagen die öffentliche Meinungsbildung, sodass eine persönliche Identifikation mit dem Thema erschwert wird. Daher zielt diese Seminararbeit vordergründig auf die Vermittlung und die persönliche Nachvollziehbarkeit der Folgen einer CO_2 Anreicherung für jeden Einzelnen von uns ab, um ein individuelles Problembewusstsein zu schaffen.

1.2 Vorgehensweise

Zu Beginn der Ausarbeitung wird im zweiten Kapitel das menschliche Verhältnis zum CO_2 näher beleuchtet. Die diesem Abschnitt zugrunde liegenden Erkenntnisse sind wichtige Basis für das Verständnis dieses Gases und erleichtern die Nachvollziehbarkeit der sich anschließenden Betrachtungen. Danach bildet die aktuelle Lehrmeinung zum CO_2 und die erwarteten Auswirkungen einer Gasanreicherung den Fokus der Untersuchung. Einen Schwerpunkt findet die Arbeit speziell hier, da die Folgen in ihrem

---

[1] Vgl. Eichmann, Ulrich (2011), S. 435
[2] Vgl. de Saint-Exupéry, Antoine (2001), o. S.

Ausmaß global wahrnehmbar sind und die Brisanz der Thematik verdeutlichen. Die objektive Analyse der Thesen der Klimaskeptiker bildet den Abschluss des dritten Kapitels. Es wird deutlich werden, dass das geschaffene Problembewusstsein gegenüber dem CO_2 begründet ist und nicht als Lüge abgetan werden kann. In diesem Bewusstsein notwendiger Veränderungen bilden die Zusammenfassung wesentlicher Ergebnisse, die kritische Würdigung des Themas sowie ein kurzer Ausblick auf mögliche Zukunftskonzepte den Abschluss der Arbeit im vierten Kapitel.

2 Das menschliche Verhältnis zum CO_2

Um das Gas CO_2 zu verstehen, ist es wichtig, das Verhältnis der Menschen zu ihm genauer zu bestimmen. Eingangs fällt die Unscheinbarkeit dieses Gases ins Auge. Es hat keinen Geruch, trotzdem ist es Teil des alltäglichen Lebens. Man findet CO_2 z.B. in gelöster Form als Kohlensäure in sprudelndem Wasser. Als Teil der Schutzatmosphäre in Lebensmittelverpackungen verdrängt das Gas den Sauerstoff und hemmt so das Bakterienwachstum. Es kühlt als Trockeneis beim Lebensmitteltransport und dient z.B. als Hilfsmittel bei der Reinigung von Kleidung.[3] Zudem kann die Natürlichkeit des CO_2 hervorgehoben werden. Pflanzen nehmen das Gas auf und setzen dafür Sauerstoff frei. Und auch der Mensch produziert wie andere lebende Organismen CO_2 bei der Zellatmung. So reichert er beim Ausatmen pro Minute etwa acht Liter Luft mit ca. 330 Millilitern des Gases an.[4] Eine besondere Bedeutung kommt dem CO_2 als Treibhausgas zu.[5] Indem es einen Teil der von der Sonne abgegebenen Wärmestrahlung aufnimmt, sorgt es neben weiteren Gasen in der Atmosphäre dafür, dass das Leben auf der Erde erst möglich wird. Die Temperatur der Erdoberfläche steigt durch diesen natürlichen Effekt von ca. - 18 °C auf + 15 °C.[6] Es stellt sich die Frage, warum trotz eines alltäglichen und natürlichen Vorkommens das CO_2 von vielen Menschen als Schadstoff verstanden wird. Vermutlich rührt dieses Empfinden aus dem Umstand, dass das Gas auch bei der Verbrennung fossiler Energieträger als Nebenprodukt entsteht. Und obwohl die Feuer unserer Zivilisation nicht sofort wahrnehmbar sind, brennen sie doch zentralisiert und stärker denn je in Kraftwerken und Industrieanlagen, um den heutigen

---

[3] Vgl. Kupferschmidt, Kai (2010), S. 45
[4] Ebenda
[5] Der Treibhauseffekt wird als bekannt vorausgesetzt und ist aus Platzgründen nicht weiterer Gegenstand dieser Arbeit. Für mehr Informationen vgl. Kappas, Martin (2009): Klimatologie, Göttingen 2009, S. 84
[6] Vgl. Schilling, Thorsten (2010), S. 13

Lebensstand der Menschen zu ermöglich.[7] An dieser Stelle bekommt das an sich geruchlose CO_2 einen faden Beigeschmack. Dieser äußert sich in Form eines vom Menschen hervorgerufenen - des anthropogenen - Treibhauseffekts, der z.B. durch zusätzliche CO_2 Emissionen von Industrie, Kraftfahr- und Flugzeugen, Brandrodungen, veränderter Landnutzung usw. verursacht wird. Der hierdurch entstehende Gasausstoß ist nach Meinung Schillings für ca. 60% der anthropogenen Erderwärmung verantwortlich. Sicherlich existieren weitere, stärkere Treibhausgase wie z.B. Methan, Lachgas und Fluorkohlenwasserstoffe, jedoch kommt dem CO_2 aufgrund seiner schieren freigesetzten Menge eine große Bedeutung zu.[8] Die höhere Konzentration des Gases in der Atmosphäre bewirkt eine zusätzliche Erwärmung der Erde. Letzten Endes lässt sich festhalten, dass CO_2 als an sich lebensnotwendiger Bestandteil der Umwelt in natürlichen Kreisläufen zwischen Lebewesen, Pflanzen und der Atmosphäre zirkuliert. Dieser Umstand macht den Eingriff durch zusätzliche anthropogene Emissionen jedoch besonders gefährlich, da eine Störung des etablierten Kreislaufs empfindliche Auswirkungen hat. Wie sich diese äußern können, wird im weiteren Verlauf der Arbeit erläutert.

3 CO_2 - Forschung

3.1 Die aktuelle Datenlage zum CO_2 und die Rolle von zwei °C

Nachdem im vorherigen Kapitel die menschliche Beziehung zum CO_2 beschrieben wurde, soll nun auf neuere Forschungsergebnisse über dieses Gas und seine Einflüsse auf die Erde eingegangen werden. Um die aktuell gemessenen CO_2 Konzentrationen einordnen zu können, muss als erstes eine Vergleichsgrundlage mit dem früheren Gehalt des Gases in der Atmosphäre geschaffen werden. Die Datengrundlage hierfür bieten z.B. Eisbohrungen in den über 650.000 Jahre alten Eisschichten der Antarktis. Hierzu werden Lufteinschlüsse in den Schichten der Eisbohrkerne, die aus verdichtetem Schnee entstanden sind, auf ihren CO_2 Gehalt hin analysiert. Auch die historische Lufttemperatur lässt sich anhand der Konzentration des Sauerstoffisotops-18 sowie von Deuterium in Kombination mit der Dicke der Schichten als Indikator der Schneefallmenge bestimmen.[9] In der folgenden Abbildung 1 ist die ermittelte Konzentration des CO_2 im Zeit-

---

[7] Vgl. Bundeszentrale für politische Bildung (2010), o. S.
[8] Vgl. Schilling, Thorsten (2010), S. 13
[9] Vgl. Alfred-Wegener-Institut (2010), S. 5 ff.

verlauf anhand solcher Eisbohrkerne dargestellt. Dabei sind atmosphärische Messungen rot und Eisbohrkernmessungen in sonstigen Farben abgebildet.

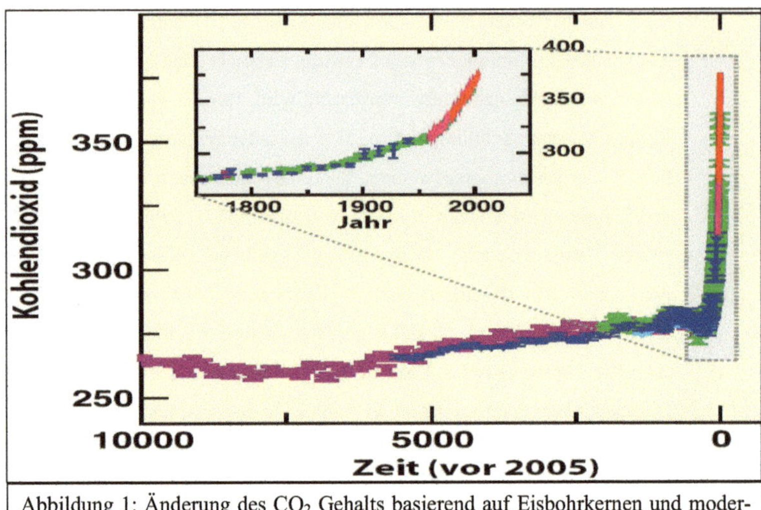

Abbildung 1: Änderung des CO_2 Gehalts basierend auf Eisbohrkernen und modernen Daten; In Anlehnung an: IPCC (2007A), S. 3

Die Abbildung lehnt sich an den aktuellsten Sachstandsbericht des IPCC (Intergovernmental Panel on Climate Change) an. Das IPCC ist eine bei den Vereinten Nationen angesiedelte, zwischenstaatliche Institution, die alle fünf - sechs Jahre die weltweiten Forschungsergebnisse zur Erwärmung der Erde in Sachstandsberichten zusammenfasst.[10] In der Abbildung ist zu erkennen, dass die Konzentration des CO_2 in den letzten 10.000 Jahren relativ konstant in einem Bereich von ca. 260 - 285 Teilen pro einer Million Luftmolekülen (ppm) verweilte. Mit dem Beginn der industriellen Revolution - dargestellt in dem vergrößerten Ausschnitt - kann ab ca. 1850 ein deutlicher Anstieg bis auf heute fast 400 ppm registriert werden. Die Werte der vorangegangenen 10.000 Jahre werden damit deutlich übertroffen. Zwar gab es auch in den letzten 650.000 Jahren Schwankungen in der Konzentration zwischen 180 - 300 ppm, jedoch verliefen diese über einen Zeitraum von tausenden von Jahren. Der durch zusätzliche, anthropogene CO_2 Emissionen hervorgerufen Konzentrationsanstieg hat sich hingegen seit der Industrialisierung in einer verhältnismäßig kurzen Periode von nur knapp 150 Jahren vollzogen.[11] Problematisch ist der Anstieg der atmosphärischen CO_2 Konzentration -

---

[10] Vgl. Bolle, Ulrike (2011), S. 108 ff.
[11] Vgl. IPCC (2007A), S. 2

wie bereits im Kapitel zwei erläutert - insofern, dass mit ihm auch eine Erhöhung der globalen Temperatur einhergeht.

Verfolgt man die Wetteraufzeichnungen der letzten Jahre, wird deutlich, dass immer neue Rekordtemperaturen gemessen werden. So erleben die USA z.B. aktuell das bisher wärmste Jahr seit Aufzeichnungsbeginn. Nachdem bereits das Jahr 2011 mit dem zweitwärmsten Sommer alle vorherigen Werte übertraf, setzt sich eine bislang noch nicht beobachtete Wärmeperiode fort.[12] Dieser Effekt ist dabei nicht auf einzelne Länder oder Kontinente beschränkt. Auf der gesamten Welt ist anhand täglich stattfindender, tausendfacher Messungen ein Temperaturanstieg zu verzeichnen, der bereits im vergangenen Jahrhundert bemerkbar wurde. Dabei werden Landmessungen durch Wetterballon- und seit Ende des 20. Jahrhunderts durch Satellitendaten ergänzt und mit Messungen der Meeresoberflächentemperatur von Schiffen ergänzt. In 100 Jahren ist die globale mittlere Durchschnittstemperatur - das ist der Durchschnitt aus der Lufttemperatur über dem Land und der Temperatur der Meeresoberfläche - um etwa 0,6 °C gestiegen.[13] Dieser Erwärmungstrend verschärft sich noch weiter. Dies wird deutlich, wenn der Betrachtungszeitraum verkürzt wird. Ähnlich wie sich der Anstieg der in Abbildung 1 zu erkennenden CO_2 Konzentration in den letzten 50 Jahren beschleunigt hat, ist auch die Temperatur stärker angestiegen. So ist in den letzten 50 Jahren mit ca. 0,13 °C Zunahme der globalen Durchschnittstemperatur pro Jahrzehnt ein fast doppelt so großer Anstieg wie über die letzten 100 Jahre zu verzeichnen.[14] Und auch damit ist das Ende der Trendbeschleunigung noch nicht erreicht. Laut dem Climate Change Research Centre der Universität von New South Wales sind während der vergangenen 25 Jahre die Temperaturen im Mittel um 0,19 °C pro Jahrzehnt angestiegen.[15] Doch wie wird sich dieser Trend in Zukunft entwickeln? Einen guten Überblick über mögliche globale Temperaturentwicklungen bieten eine Szenarioanalyse des IPCC, dessen Ergebnisse in Abbildung 2 dargestellt sind. Ausgehend vom Jahr 2000 wird dabei die zu erwartende durchschnittliche globale Erwärmung bis 2100 deutlich. Pink dargestellt ist die Temperaturentwicklung bei Stabilisierung der Treibhausgasemissionen auf dem Niveau von 2000. Szenario B1 (blau) geht von einem schnellen Wirtschaftswachstum mit Entwicklung der Strukturen in Richtung einer Dienstleistungs- und Informations-

---

[12] Vgl. Karlsruher Center for Disaster Management and Risk Reduction Technology (2012), o. S.
[13] Vgl. Bundesministerium für Umwelt, Naturschutz und Reaktorsicherheit (2008), S. 10
[14] Vgl. IPCC (2007B), S. 13 f.
[15] Vgl. University of New South Wales Climate Change Research Centre (2009), S. 7

wirtschaft sowie einer in der Mitte des Jahrhunderts den Höchststand erreichenden und danach rückläufigen Weltbevölkerung aus. Szenario A1B (grün) unterstellt ähnliche Voraussetzungen, jedoch ohne Wandel der Wirtschaftsstrukturen unter Einsatz neuer Technologien bei ausgewogener Nutzung fossiler und nicht fossiler Energieträger. Wohingegen Szenario A2 (rot) von einer heterogenen Welt mit höchstem Bevölkerungswachstum und langsamer wirtschaftlicher wie technologischer Weiterentwicklung ausgeht. Nicht dargestellt ist die für 2100 erwartete atmosphärische Konzentration an CO_2 von ca. 550 ppm für B1, 700 ppm für A1B und 850 ppm für A2 im Vergleich zu heute ca. 400 ppm.[16]

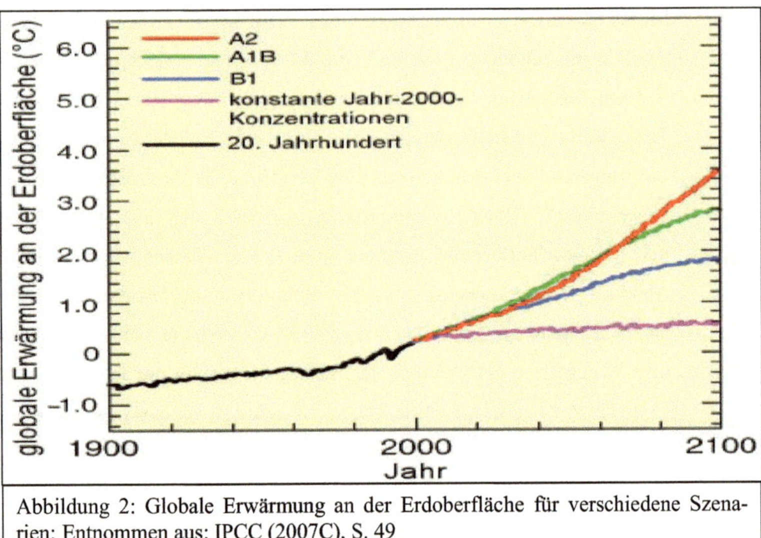

Abbildung 2: Globale Erwärmung an der Erdoberfläche für verschiedene Szenarien; Entnommen aus: IPCC (2007C), S. 49

Der Abbildung ist zu entnehmen, dass selbst im optimistischsten Szenario B1 bei anhaltender Treibhausgasemission ein Temperaturanstieg von 1,8 °C bis 2100 droht. Unter Zugrundelegung ungünstigerer Parameter bei A2 ist gar ein Anstieg um 3,6 °C denkbar. Neuere Forschungsergebnisse gehen noch weiter. In der Kopenhagen Diagnose halten 26 Forscher aus acht Ländern im schlimmsten Fall auch eine Erwärmung der Erde auf bis zu sieben °C für möglich.[17]

Auf dem Klimagipfel von Cancún 2010 wurde von unterstützenden Staaten das Ziel einer Begrenzung des globalen Temperaturanstiegs um maximal zwei °C gegenüber

---

[16] Vgl. IPCC (2007C), S. 48 ff.
[17] Vgl. University of New South Wales Climate Change Research Centre (2009), S. 49 f.

dem vorindustriellen Niveau bis 2100 vereinbart. Diese Marke gilt bezüglich klimatischer Veränderungen zwar nicht als unbedenklich, erscheint unter dem Gesichtspunkt technologischer und politischer Realisierbarkeit sowie unter Abwägung eintretender Folgen der globalen Erwärmung jedoch als gerade noch vertretbar. Konkrete oder verbindliche Emissionsreduktionsziele für Treibhausgase wurden hierbei nicht festgelegt.[18] Eine Studie des Max-Planck-Instituts macht deutlich, dass das Ziel von zwei °C nur durch signifikante Reduzierung der CO_2 Emissionen erreicht werden kann. Hierbei müsse der Ausstoß des Gases nach einem Maximum in 2015 - 2020 bis 2050 halbiert und gegen Ende des Jahrhunderts quasi eliminiert werden. Gravierend sei die Tatsache, dass sich aufgrund der Komplexität des CO_2 Kreislaufs die bereits emittierten Gase noch Jahrhunderte auswirkten.[19] Je später mit der Reduzierung der Treibhausgasemissionen begonnen wird, desto schwerer wird das Ziel eines maximalen Temperaturanstiegs um zwei °C zu erreichen sein. Ausgehend von dem Maximum in 2015 wäre eine jährliche CO_2 Reduktion von 5,3%, ausgehend von 2020 bereits von 9% nötig.[20] Es wird deutlich, dass nur ein ambitioniertes Klimaschutzprogramm die erforderlichen Änderungen einleiten kann. Aufgrund aktueller Werte zum Treibhausgasausstoß ist die Zielerreichung aus heutiger Sicht hingegen mehr als kritisch zu hinterfragen.

Nach dieser kurzen Zusammenfassung über die aktuelle Datenlage zum CO_2, soll im Anschluss auf mögliche Folgen eine weiteren Anreicherung des Gases und des resultierenden Temperaturanstiegs eingegangen werden. Insbesondere sollen das Ausmaß der Gefahren für die Menschheit und die Erde verdeutlicht werden.

3.2 Kipppunkte und Auswirkungen der CO_2 Anreicherung auf die Welt

3.2.1 Auftauen des Permafrostbodens und Schmelzen des Eises

Die Folgen des Klimawandels auf die Erde sind bereits heute spürbar und existieren nicht nur fiktiv in Klimamodellen. So klagen Bewohner Russlands, Kanadas, Alaskas und des westlichen Chinas zunehmend über Beeinträchtigungen der Infrastruktur. Straßen, Bahnstrecken, Gasleitungen und Öl-Pipelines nehmen strukturelle Schäden, Gebäude sind einsturzgefährdet. Ursache ist das Auftauen der an sich dauerhaft gefrorenen Permafrostböden, das sind Böden, deren Temperatur mindestens zwei Jahre in

---

[18] Vgl. WWF Deutschland (2011), S. 25
[19] Vgl. Max-Planck-Institut für Meteorologie (2010), o. S.
[20] Vgl. Wissenschaftliche Beirat der Bundesregierung Globale Umweltveränderungen (2009), S. 4

Folge unterhalb des Gefrierpunktes liegt. Die Fläche des Permafrostbodens könnte bis 2100 von heute ca. 10,5 Mio. Quadratkilometern auf nur noch eine Mio. Quadratkilometer schrumpfen.[21] Höchst problematisch ist der Verlust des Permafrostbodens vor dem Hintergrund darin eingelagerter CO_2 - und Methanvorkommen, die etwa 25% des weltweiten, organisch gebundenen Bodenkohlenstoffs ausmachen.[22] Wenn diese großen Mengen an Treibhausgasen zusätzlich zu anthropogenen Emissionen in die Atmosphäre gelangen, könnte hieraus eine immense Intensivierung der Erderwärmung folgen.[23]

In der Wissenschaft wird eine solche Veränderung, die kausal eine größere, schwerwiegendere Klimaänderung auslöst, als Kipppunkt bezeichnet. Sofern dieser Punkt als kritische Schwelle überschritten wird, führt dies zu einer plötzlichen, drastischen Veränderung des Klimas, die über Jahrhunderte andauern kann.[24] Die Prozesse im Zusammenhang mit Kipppunkten sind nicht ausreichend erforscht und daher schwer zu bewerten. Weder kann aktuell mit Sicherheit erläutert werden, wann ein Kipppunkt erreicht ist, noch welche exakten Auswirkungen daraus resultieren.[25] Aus diesem Grund sind solche verstärkenden Rückkopplungseffekte auch nicht in den IPCC-Szenarien berücksichtigt. Dennoch sollten Sie Beachtung finden, um plötzlichen, irreversiblen Schäden am Ökosystem vorzubeugen. Andernfalls könnten Kipppunkte erreicht sein, bevor hierzu wissenschaftliche Gewissheit besteht.

Nicht weniger besorgniserregend ist der zu verzeichnende rapide Schwund des arktischen Meereises. Dicke und Ausdehnung haben sich laut IPCC insbesondere im Sommer verringert und bewirken einen Anstieg des Meeresspiegels.[26] Die Durchschnittstemperatur der Arktis ist in den letzten 100 Jahren fast doppelt so schnell gestiegen wie im globalen Durchschnitt. Noch in diesem Jahrhundert könnte die Arktis aufgrund eines stärkeren Eisschwunds als vom IPCC prognostiziert, im Sommer komplett eisfrei sein und damit ein weiterer Kipppunkt überschritten werden. Durch die helle Oberfläche der Eismassen wird im so genannten Albedoeffekt ein großer Teil der Sonnenstrahlung reflektiert. Ist das Eis weggeschmolzen, ist diese Reflexionswirkung nicht mehr gegeben - das dunklere Meerwasser nimmt mehr Strahlung auf und erwärmt

---

[21] Vgl. WWF Deutschland (2011), S. 17
[22] Methan ist als Treibhausgas ca. 23 mal stärker als CO_2
[23] Vgl. Umweltbundesamt (2008), S. 14 f.
[24] Vgl. WWF Deutschland (2011), S. 16
[25] Vgl. Umweltbundesamt (2008), S. 19
[26] Vgl. IPCC (2007B), S. 15

sich dadurch noch stärker.[27] In der Antarktis können Wissenschaftler bisher keine Zunahme der Durchschnittstemperatur feststellen, da diese zusammenhängende, größte Eisfläche der Welt durch die schiere Ausdehnung sowie anhaltende Schneefälle an Stabilität gewinnt und ein hohes Albedo besitzt. Anhand der IPCC Szenarien ist bis 2100 nicht mit einem verbreiteten Abschmelzen der Oberflächen zu rechnen.[28] Hingegen kann - begünstigt durch die Meereserwärmung - das Abgleiten größerer Eismassen in den Randzonen des westantarktischen Schelfeises beobachtet werden. Dieser Eisstrom könnte bis 2100 einen Anstieg des Meeresspiegels von 0,5 Metern verursachen. Sollte das gesamte westantarktische Eisschild zusammenbrechen, würde dies sogar einen Anstieg von fünf Metern bedeuten.[29]

Schließlich soll auch die Entwicklung des Grönländischen Eisschilds mit einer Fläche von ca. 1,7 Mio. Quadratkilometern Beachtung finden. Genaue Aussagen werden dadurch erschwert, dass die wenigen Messstationen im Eis durch Kälte und Stürme regelmäßig zerstört werden. Oftmals ist eine grobe Messung nur durch Satelliten möglich. Satellitenbilder belegen, dass sich am Rande des Eises Tauwasser sammelt. Auch hier ist tendenziell ein Abschmelzen festzustellen. Bis 2100 ist hierdurch ein Meeresspiegelanstieg von bis zu 0,5 Metern zu erwarten.[30] Abschließend bleibt festzuhalten, dass das Meeresniveau durch den Zufluss von Schmelzwasser in die Ozeane immer weiter ansteigt. Je mehr die globale Temperatur zunimmt, desto schneller und umso mehr wird der Anstieg sich gestalten. Bis 2100 könnte der Meeresspiegel um 0,5 - 1,5 Meter ansteigen.[31] Sich hieraus ergebende Auswirkungen sollen im nächsten Abschnitt näher beleuchtet werden.

3.2.2 Anstieg des Meeresspiegels und Massenfluchten

Vorangegangene Betrachtungen haben gezeigt, in welch prekärer Lage sich die Eismassen der Erde durch die globale Erwärmung befinden. Doch welche konkrete Auswirkungen wird dies auf die Menschen haben? Wie schnell werden die Meeresspiegel steigen? Konkrete Antworten kann die Klimaforschung auf diese Fragen noch nicht bieten. Die Prognosen reichen von 0,5 Metern Anstieg bis 2100 bei Einhaltung des Temperaturanstiegs um maximal zwei °C bis zu sieben Metern im Falle des kompletten

---

[27] Vgl. WWF Deutschland (2011), S. 16
[28] Vgl. Umweltbundesamt (2008), S. 7
[29] Vgl. WWF Deutschland (2011), S. 17
[30] Ebenda
[31] Vgl. Wissenschaftliche Beirat der Bundesregierung Globale Umweltveränderungen (2009), S. 3

Abschmelzens Grönlands als Kipppunkt.[32] Zum Einen ergeben sich die Schwankungen aus den verschiedenen Szenarien der CO_2 Emissionen und des Temperaturanstiegs, zum Anderen sind verstärkende Rückkopplungseffekte nicht absehbar. Fest steht, dass der Meeresspiegelanstieg Millionen Menschen bedroht. Neben Inselstaaten sind auch dicht besiedelte Küsten des Festlandes, Millionenstädte wie London, New York, San Francisco, Peking oder Shanghai gefährdet. Doch während reiche Industrienationen vielleicht die nötigsten Schutzmaßnahmen durch Verbesserung des Deichbaus und Installation von Schutzwehren ergreifen können, sind Entwicklungsländer wie z.B. Bangladesh den Fluten schutzlos ausgeliefert. Eine ungefähre Ahnung von der sich anbahnenden humanitären Katastrophe bekommt man, wenn man sich die Verhältnisse bei heutigen Flüchtlingsbewegungen zehntausender Menschen, z.B. durch Kriege, vor Augen führt. Projiziert man diese Eindrücke auf einen durch die globale Erwärmung ausgelösten Flüchtlingsstrom hunderter Millionen Menschen, sind die Folgen kaum absehbar.

Im Resümee trägt ein ungebremster Klimawandel zu einer politischen und wirtschaftlichen Destabilisierung einer Vielzahl von Staaten bei. Die Umweltmigration stellt zudem ein Sicherheitsrisiko dar.[33]

3.2.3 Zunahme extremer Wetterereignisse, Hungersnöte, Artensterben, Schädigung der Vegetation

Es steht fest, dass die globale Erwärmung Menschen auf der ganzen Welt treffen wird. Auch die Bevölkerung reicherer Industrienationen muss sich darüber im Klaren sein, dass neben Migrationsbewegungen weitere Auswirkungen drohen.

Wetterextreme wie Dürren, Starkregen, Orkane und Hitzewellen sind bereits heute zu beobachten und werden sich in Zukunft weiter häufen. Zudem ist eine Gesundheitsgefährdung durch die Extremwetterereignisse zu erwarten. Gerade ältere Menschen und Kindern drohen Kreislauferkrankungen durch höhere Temperaturen. Dies könnte auch die Ausbreitung neuer Infektionskrankheiten fördern.[34] In Ostdeutschland, Südeuropa und z.B. in Kalifornien im Südwesten der USA ist mit einem starken Rückgang der Niederschläge spätestens ab Mitte dieses Jahrhunderts zu rechnen. Extreme Dürren in diesen Gebieten steigern das Waldbrandrisiko, gefährden die Wasserversorgung, führen zu Energieproblemen durch Kraftwerke, denen das Flusswasser zur Kühlung fehlt und

---

[32] Vgl. IPCC (2007A), S. 17
[33] Vgl. Wissenschaftliche Beirat der Bundesregierung Globale Umweltveränderungen (2009), S. 3
[34] Ebenda

stellen auch die Landwirtschaft vor neue Herausforderungen.[35] Küstennahe Siedlungen werden durch den Meeresspiegelanstieg und die steigende Intensität von Stürmen besonders betroffen sein. Der Anteil des durch tropische Stürme gefährdeten Bruttoinlandsprodukts ist von 3,6% in den 70er Jahren auf 4,3% im ersten Jahrzehnt dieses Jahrhunderts gestiegen.[36] Während in den Industrienationen die wirtschaftliche Leistungsfähigkeit gefährdet ist, drohen Teilen Afrikas und Indiens extreme Hungersnöte. Als Beispiel sei an dieser Stelle die Veränderung des Himalayas als drittgrößte Eisfläche nach den Polen und Grönland aufgeführt. Die Gletscher sind für die Wasserversorgung von elementarer Bedeutung. So speist das sommerliche Schmelzwasser des Himalayas die größten Flüsse Asiens wie Mekong, Yangtse und Ganges. Sollte sich das Abschmelzen weiter fortsetzen wird der Gletscher eines Tages verschwunden sein und die bevölkerungsreichen Länder Asiens wie China, Indien, Nepal, Pakistan und Bhutan vor große Probleme stellen.[37] Würde gleichzeitig der Indische Sommermonsun ausbleiben oder sich abschwächen, führten die fehlenden Niederschläge unweigerlich zu einer weiteren Absenkung der Flussstände.[38] Ganze Ökosysteme, Tier- und Pflanzenarten auf ungeschützten Inseln sind vom Anstieg des Meeresspiegels bedroht. Korallenriffe erleiden Schäden. 30-50% der weltweiten Mangrovenwälder sind in Mitleidenschaft gezogen und ca. 85% der Austernriffe sind gefährdet. Das alles verstärkt die Gefahr von Überschwemmungen, da Korallenriffe z.B. bis zu 85% der Wellenenergie aufnehmen und damit als natürliche Schutzschilde der Küsten im Meer fungieren.[39] Bei einem Anstieg der Temperatur um 2,5 °C bis 2100 könnten bis zu 30% der Tier- und Pflanzenarten weltweit vom Aussterben bedroht sein.[40] Einige Klimamodelle rechnen bei einer weiter anhaltenden globalen Erwärmung mit einem völligen Zusammenbruch des Amazonas Regenwaldes durch Austrocknung. Neben der Vernichtung von ca. 10% der weltweiten biologischen Vielfalt mit u.a. 400 Säugetier-, 1.200 Vogel-, 3.000 Fisch-, über eine Million Insekten- und mindestens 40.000 Pflanzenarten wäre damit auch der größte tropische Regenwald vernichtet.[41] Ebenso sind die borealen Nadelwälder, die mit einer Gesamtgröße von ca. 15 Mio. Quadratkilometern ungefähr ein Drittel

---

[35] Vgl. WWF Deutschland (2011), S. 20
[36] Vgl. Bündnis Entwicklung Hilft (2012), S. 32 ff.
[37] Vgl. Umweltbundesamt (2008), S. 16
[38] Vgl. WWF Deutschland (2011), S. 20
[39] Vgl. Bündnis Entwicklung Hilft (2012), S. 32 ff.
[40] Vgl. Bundeszentrale für politische Bildung (2007), o. S.
[41] Vgl. WWF Deutschland (2011), S. 18

der weltweiten Waldfläche ausmachen, durch höhere Temperaturen von neuen Kranhei-
ten, Parasiten und einer zunehmenden Waldbrandgefahr bedroht.[42] Die großflächige
Zerstörung von Baumbeständen ist kritisch zu sehen, da hierdurch die Aufnahmekapazi-
tät an CO_2 gesenkt wird und sich die Erderwärmung als Rückkopplung von weiter
zunehmenden Treibhausgase in der Atmosphäre noch schneller fortsetzt. Die Weltmeere
unterliegen neben einem Anstieg auch einer Erwärmung, was die Bildung von Stürmen
fördert. Bei einem anhaltenden Temperaturanstieg über hunderte Jahre könnten die am
Meeresgrund befindlichen Methanhydratschichten instabil werden und große Methan-
mengen in die Atmosphäre gelangen, was ebenfalls als Rückkopplungseffekt wirken
würde. Zudem speichern Ozeane aber auch große Mengen von CO_2 und werden daher
auch als Senke bezeichnet. Im Meer ist ca. 50 mal mehr CO_2 gespeichert als sich aktuell
in der Atmosphäre befindet. Durch die zusätzliche Aufnahme anthropogener CO_2 Emissionen versauern die Ozeane, was Korallen beschädigt und Meeresbestände gefährdet.[43]
Die Botschaft aller aufgezeigten Folgen ist klar. Nur eine deutliche und unverzüglich
einsetzende Verminderung der CO_2 Emissionen kann die schlimmsten Auswirkungen
der globalen Erwärmung noch stoppen.

3.3 Decken Klimaskeptiker eine globale Lüge auf?

Es stellt sich die Frage, warum es Menschen gibt, die trotz der Kenntnis aller oben
genannten Fakten nicht zu Veränderungen bereit sind. Die Argumente der so genannten
Klimaskeptiker, die den anthropogenen Treibhauseffekt leugnen, sollen im Folgenden
kurz untersucht werden. Es ist durch hunderte wissenschaftliche Studien belegt, dass der
Mensch zu einem wesentlichen Teil für die Erderwärmung der letzten 150 Jahre verantwortlich ist. Namhafte Organisationen wir die NASA, die Harvard University, die
chinesische Akademie für Wissenschaften, die British Royal Society, das Alfred-
Wegener- sowie das Max-Planck-Institut oder das Potsdam-Institut für Klimafolgenforschung - um nur einige zu nennen - hegen keinen Zweifel an dieser Erkenntnis. Die
Skeptiker wittern hingegen eine Weltverschwörung "niederträchtiger Ökofaschisten",
wie sie anerkannte Forscher unter anderem betiteln. Auch wurden Vorwürfe der Fäl-
schung von Messdaten oder fachlicher Inkompetenz ausgesprochen. Nach Ansicht der
Skeptiker sei die Erdatmosphäre der Erde viel zu groß und das Klima zu komplex, als

---

[42] Vgl. WWF Deutschland (2011), S. 18
[43] Vgl. Umweltbundesamt (2008), S. 16 ff.

dass der Mensch einen Einfluss hierauf ausüben könnte. Das ehemalige RWE-Vorstandsmitglied Fritz Vahrenholt behauptet beispielsweise, dass die Klimaerwärmung seit zwölf Jahren zum Stillstand gekommen sei. Dies ergebe sich aus dem Rückgang der Sonnenaktivität, die einen wesentlicheren Einfluss auf die Erderwärmung hätte als der Mensch.[44] Dagegen führt z.B. Georg Feulner vom Potsdam-Institut für Klimafolgenforschung an, dass die rückläufige Aktivität der Sonne die prognostizierte Erwärmung bis 2100 maximal um 0,3 °C mindere. Dazu passt auch der anhaltende Temperaturanstieg, der sich trotz einer seit 1970 rückläufigen Sonneneinstrahlung nachweisen lässt.[45] Die Statistiken der globalen Temperaturentwicklung werden durch die Skeptiker in Frage gestellt. So seien durch die Platzierung von Messstationen in Städten zu hohe Werte ermittelt worden.[46] Zwar gibt es die so genannten städtischen Wärmeinsel-Effekte, jedoch sind diese räumlich begrenzt. Auch Messstationen in entlegenen Gebieten und Sattelitendaten bestätigen laut IPCC den Temperaturanstieg. Dieser ist im Zeitraum von 150 Jahren so signifikant, dass er nicht mit historischen Entwicklungen zu vergleichen ist.[47] Eine weitere Strategie der Skeptiker ist das Anzweifeln nicht vollständig abgesicherter Details der Klimaprognosen. So wird beispielsweise die unzureichende Erforschung der Auswirkungen der Kipppunkte bemängelt oder kleinste Fehler im Bericht des IPCC werden gesucht. So war im Bericht von 2007 beispielsweise aufgrund eines Schreibfehlers von einem Abschmelzen des Himalayas bis 2035 die Rede. Später korrigierte das IPCC die Zahl auf 2350. Nichtsdestotrotz ändert ein solcher Fehler nichts an den Aussagen des restlichen Sachstandsberichts. Unabhängig davon ist die Menschheit wegen der Begrenztheit fossiler Brennstoffe mittelfristig auf ein Umschwenken auf erneuerbare Energien angewiesen. Auffällig ist die Zielgruppe, an die sich die Klimaskeptiker richten. So veröffentlichen Sie keine Aufsätze in wissenschaftlichen Fachzeitschriften, sondern wollen die gegebenenfalls weniger informierte und leichter zu beeinflussende Öffentlichkeit z.B. über Internetseiten mobilisieren. Schlussendlich lässt sich die Klimaskeptikerbewegung durch eine einfache Erklärung begründen: Es ist die Weigerung, notwendige und teilweise auch einschneidende Änderungen zur Vermeidung des Klimawandels einzuleiten, die anschließend im Schlussteil erläutert werden.

---

[44] Vgl. Axel Springer AG (2012), o. S.
[45] Vgl. Süddeutscher Verlag (2012), o. S.
[46] Vgl. Credibl, Justin (2012), o. S.
[47] Vgl. IPCC (2007B), S. 13

4 Schlussteil

4.1 Kritische Würdigung

Vorausgehende Ausführungen haben verdeutlicht, dass der durch menschliche Treibhausgasemissionen ausgelöste Klimawandel im Wesentlichen unumstritten ist. Nur durch rasche Einschnitte in die Lebensgewohnheiten - vor allem der Bevölkerung in den Industriestaaten - wird sich die Begrenzung des Temperaturanstiegs um maximal zwei °C erreichen lassen. Das bedeutet unter anderem, dass die rücksichtslose Ausbeutung von Ressourcen der Erde für ein gebetsmühlenartig gefordertes, immer weiteres Wirtschaftswachstum nicht mehr möglich sein wird. Die Menschen werden z.B. ihre Mobilitätsansprüche überdenken müssen. Es empfiehlt sich, den Transport von Individuen - mittels durch fossile Brennstoffe angetriebenen Verkehrsmitteln wie Autos oder Flugzeugen - auf ein notwendiges Minimum zu begrenzen sein. Dies erscheint zur Reduktion des CO_2 Ausstoßes sinnvoll, solange weiterhin keine emissionsfreien Vehikel genutzt werden. Angesichts drohender Konsequenzen für unseren Planeten und wirtschaftlicher wie ökologischer Schäden, scheint ein engagiertes Handeln dringend angebracht zu sein. Aktuelle politischen Maßnahmen stellen oftmals eher Lippenbekenntnisse dar, als dass sie einen energischen Wandel hin zu einer nachhaltigen Energie- und Wirtschaftspolitik erkennen ließen. Insbesondere unter den Gesichtspunkten der möglichen Folgen einer Klimaerwärmung bleibt das Herauszögern notwendiger Reformen schwer nachvollziehbar. Die Bürde, die zukünftigen Generationen durch heutige Untätigkeit auferlegt wird, steigt immer weiter. Zu guter Letzt ist es vor allem unter moralischen Gesichtspunkten mehr als kritisch zu sehen, dass gerade die ärmsten Menschen in Entwicklungsländern, die kaum Treibhausgase emittieren, am stärksten unter den Folgen der überwiegend durch die Industrieländer verursachten Erwärmung leiden werden. Sofortige, wesentliche Investitionen in erneuerbare Energien wären notwendig, insbesondere weil die Folgekosten aus dem Klimawandel im Vergleich wesentlich höher wären. Für jeden Dollar, der z.B. bis 2020 nicht in die nachhaltige Stromwirtschaft fließt, müssten nach 2020 4,3 Dollar zusätzlich investiert werden, um das damit verbundene höhere Emissionslevel auszugleichen.[48] Ein jeder Mensch sollte sich aufgrund der Vernetzung in einer globalisierten Welt einer Gefahr bewusst werden: Verschwanden Hochkulturen durch Katastrophen früher nur regional, ist durch die

---

[48] Vgl. Internationale Energie-Agentur (2011), S. 4 f.

Folgen der Klimaerwärmung heute die globale Lebensgrundlage der gesamten menschlichen Population bedroht. Dieses Jahrhundert wird zeigen, ob die Menschheit einen rettenden Sinneswandel vollzieht oder weiter an der Selbstzerstörung arbeiten wird.

4.2 Zusammenfassung der Ergebnisse

Diese Seminararbeit hat verdeutlicht, dass das an sich natürliche Gas CO_2 durch die Verbrennung fossiler Energieträger in großen Mengen in die Atmosphäre freigesetzt wird und die globale Erwärmung fördert. Mögliche Folgen sind auf der gesamten Welt spürbar und in Ihrem Ausmaß verheerend. Der hierdurch verursachte Wandel des Klimas ist bereits nicht mehr aufzuhalten, durch unverzügliche Gegenmaßnahmen jedoch noch zu begrenzen. Die These der Klimaskeptiker, es handle sich um eine Lüge, ist nicht haltbar. Zum Erreichen des Ziels von Cancún einer maximalen Erderwärmung um zwei °C ist eine rasche, wesentliche Reduzierung des Treibhausgasausstoßes notwendig.

4.3 Ausblick

Da aktuell nicht mit einer raschen Umstellung auf regenerative Energien zu rechnen ist, ist ein Voranschreiten der globalen Erwärmung wahrscheinlich. International stehen aktuell Themen wie Wirtschaftswachstum und Schuldenkrisen im Vordergrund. Übergangsweise bietet sich daher als Brückentechnologie die Nachrüstung fossiler Kraftwerke mit einer CCS (Carbon Capture and Storage) genannten Technik an, bei der emittiertes CO_2 aufgefangen und in aufgegebenen Öl-/Gasfeldern und Salzschichten gespeichert wird.[49] Entwicklungsländer könnten erneuerbare Energien über Einnahmen aus einem Emissionshandel finanzieren. Hierfür müssten die Industrieländer, die mehr CO_2 emittieren als ihnen zusteht, Abgaben an die Entwicklungsländer leisten. Sollten die Treibhausgasemissionen nicht schnell genug verringert werden können, wollen einige Forscher mittels so genanntem Geo-Engineering in das Klima eingreifen. Hierbei sollen korrektive Interventionen die klimatischen Veränderungen stoppen. Die Realisierbarkeit ist unter Risiko-Gesichtspunkten jedoch sehr umstritten. Neben der Installation künstlicher Bäume zur CO_2 Absorption werden die Erzeugung künstlicher Wolken, das Einleiten von Schwefel in die Atmosphäre und das Weißen von Städten zur Erhöhung des Albedos diskutiert. Die Alternative ist, sofort die Wesentlichkeit des unscheinbaren Gases CO_2 zu erkennen und den Ausstoß unverzüglich zu reduzieren.

---

[49] Vgl. Bundeszentrale für politische Bildung (2009), o. S.

Literaturverzeichnis

Alfred-Wegener-Institut (2010): Klimaforschung am Alfred-Wegener-Institut, Bremerhaven 2010

Bolle, Ulrike (2011): Das Intergovernmental Panel on Climate Change (IPCC), Tübingen 2011

Bundesministerium für Umwelt, Naturschutz und Reaktorsicherheit (2008): Klimaschutz und Klimapolitik, Berlin 2008

Bündnis Entwicklung Hilft (2012): WeltRisikoBericht 2012 - „Sind Katastrophen vermeidbar, Berlin 2012

Eichmann, Ulrich (2011): Motivierende Kontexte für den Optikunterricht, in: Dietmar Höttecke (Hrsg.), Naturwissenschaftliche Bildung als Beitrag zur Gestaltung partizipativer Demokratie, Münster 2011, S. 435

Internationale Energie-Agentur (2011): World Energy Outlook - Zusammenfassung 2011, Paris 2011

IPCC (2007A): Climate Change 2007 - Summary for Policymakers, in: Deutsche IPCC-Koordinierungsstelle (Hrsg.), Vierter Sachstandsbericht des IPCC (AR4) - Klimaänderung 2007 - Zusammenfassungen für politische Entscheidungsträger, Bern/Wien/Berlin 2007, S. 1 - 89

IPCC (2007B): Frequently Asked Questions. Climate Change 2007 - The Physical Science Basis. Contribution of Working Group I to the Fourth Assessment Report of the Intergovernmental Panel on Climate Change, in: Deutsche IPCC-Koordinierungsstelle (Hrsg.), Häufig gestellte Fragen und Antworten. Klimaänderung 2007 - Wissenschaftliche Grundlagen, Beitrag der Arbeitsgruppe I zum Vierten Sachstandsbericht des Zwischenstaatlichen Ausschusses für Klimaänderungen, Bonn 2011, S. 1 - 45

IPCC (2007C): Climate Change 2007 - Synthesis Report, in: Deutsche IPCC-Koordinierungsstelle (Hrsg.), Klimaänderung 2007 - Syntheseberient, Berlin 2008, S. 1 - 109

Kupferschmidt, Kai (2010): Mal was anderes, in: Fluter - Magazin der Bundeszentrale für politische Bildung, Nr. 35, S. 45

de Saint-Exupéry, Antoine (2001): Der kleine Prinz, Boston 2001

Schilling, Thorsten (2010): 5 einfache Wahrheiten, in: Fluter - Magazin der Bundeszentrale für politische Bildung, Nr. 35, S. 13

Umweltbundesamt (2008): Kipppunkte im Klimasystem - Welche Gefahren drohen?, Dessau 2008

University of New South Wales Climate Change Research Centre (2009): The Copenhagen Diagnosis - Updating the World on the Latest Climate Science, Sydney 2009

Wissenschaftliche Beirat der Bundesregierung Globale Umweltveränderungen (2009): Klimawandel - Warum 2°C?, Berlin 2009

WWF Deutschland (2011): Globaler Klimawandel – Wann kippt das Klima?, Berlin 2011

Verzeichnis der Internetquellen

Axel Springer AG (2012): Geht die Klimakatastrophe an der Erde vorbei?, URL: http://www.welt.de/dieweltbewegen/article13853684/Geht-die-Klimakatastrophe-an-der-Erde-vorbei.html, Abruf am 25.10.2012

Bundeszentrale für politische Bildung (2007): Info 02.04 Weiterführende Themen: Permafrostböden, Ozeanerwärmung u.a., URL: http://www.bpb.de/lernen/unterrichten/grafstat/134825/info-02-04-weiterfuehrende-themen-permafrostboeden-ozeanerwaermung-u-a, Abruf am 24.10.2012

Bundeszentrale für politische Bildung (2009): Gibt es "CO2-arme" Kohlekraftwerke?, URL: http://www.bpb.de/gesellschaft/umwelt/klimawandel/38570/co2-speicherung, Abruf am 25.10.2012

Bundeszentrale für politische Bildung (2010): Die Asche aller Feuer, URL: http://www.bpb.de/gesellschaft/umwelt/klimawandel/38620/slideshow, Abruf am 03.10.2012

Credibl, Justin (2012): Climate 101 TOP 15 CLIMATE MYTHS - I Love CO2, URL: http://ilovecarbondioxide.com/p/climate-101.html - Climate 101 , Abruf am 25.10.2012

Karlsruher Center for Disaster Management and Risk Reduction Technology (CEDIM) (2012): Wettergefahren-Frühwarnung, URL: http://www.wettergefahren-fruehwarnung.de/Ereignis/20120814_e.html, Abruf am 21.10.2012

Max-Planck-Institut für Meteorologie (2010): Welche Emissionen können wir uns noch erlauben, um die globale Erwärmung auf maximal 2°C zu begrenzen?, URL: http://www.mpimet.mpg.de/nc/aktuelles/single-news/article/welche-emissionen-koennen-wir-uns-noch-erlauben-um-die-globale-erwaermung-auf-maximal-2c-zu-begre.html, Abruf am 24.10.2012

Süddeutscher Verlag (2012): Klimawandel - Welche Rolle spielt die Sonne wirklich?, URL: http://www.sueddeutsche.de/wissen/klimawandel-welche-rolle-spielt-die-sonne-wirklich-1.1278293, Abruf am 25.10.2012